# BEI GRIN MACHT SICH IHR WISSEN BEZAHLT

Tanja Aust

# Einführung in die Begriffe und Eigenschaften geometrischer Körper

**Unterrichtsentwurf im Fach Mathematik in Klasse 3**

GRIN Verlag

**Bibliografische Information der Deutschen Nationalbibliothek:**

Die Deutsche Bibliothek verzeichnet diese Publikation in der Deutschen National-
bibliografie; detaillierte bibliografische Daten sind im Internet über http://dnb.d-
nb.de/ abrufbar.

**Impressum:**

Copyright © 2010 GRIN Verlag, Open Publishing GmbH
Druck und Bindung: Books on Demand GmbH, Norderstedt Germany
ISBN: 978-3-656-08317-7

**Dieses Buch bei GRIN:**

http://www.grin.com/de/e-book/182564/einfuehrung-in-die-begriffe-und-eigen-
schaften-geometrischer-koerper

**GRIN - Your knowledge has value**

Der GRIN Verlag publiziert seit 1998 wissenschaftliche Arbeiten von Studenten, Hochschullehrern und anderen Akademikern als eBook und gedrucktes Buch. Die Verlagswebsite www.grin.com ist die ideale Plattform zur Veröffentlichung von Hausarbeiten, Abschlussarbeiten, wissenschaftlichen Aufsätzen, Dissertationen und Fachbüchern.

**Besuchen Sie uns im Internet:**

http://www.grin.com/

http://www.facebook.com/grincom

http://www.twitter.com/grin_com

Unterrichtsentwurf zum Thema

# Einführung in die Begriffe und Eigenschaften geometrischer Körper

| | |
|---|---|
| **Lehreranwärterin:** | Tanja Aust |
| **Mentorin:** | |
| **Lehrbeauftragte:** | |
| **Schule:** | |
| | |
| **Klasse:** | 3 |
| **Fach:** | Mathematik |
| **Datum:** | |
| **Uhrzeit:** | 9.55 Uhr – 10.40 Uhr |

# Inhaltsverzeichnis

# 1. Zur Ausgangslage des Unterrichts

## 1.1. Institutionelle Bedingungen

Die Grundschule ... liegt relativ zentral .... Der Ausländeranteil im Einzugsgebiet ... ist recht gering, weshalb kaum Schüler mit Migrationshintergrund die Grundschule besuchen. Die reine Grundschule ist zwei- bzw. dreizügig und hat insgesamt ... Schüler[1], die von ... Lehrkräften und 1 Pfarrer in 10 Klassen unterrichtet werden.

## 1.2. Zur Situation der Klasse

Die Klasse 3 besteht aus 23 Schülern, die sich aus 13 Mädchen und 10 Jungen zusammensetzen. Bis auf wenige Ausnahmen zeigen sich die Schüler, unabhängig der Inhalte, motiviert und engagiert. Die vereinbarten Regeln werden zumeist eingehalten. In der Klasse herrscht ein lebendiges Unterrichtsklima. Das Sozialverhalten der Klasse ist grundsätzlich positiv geprägt. Demokratische und soziale Verhaltensweisen, wie zum Beispiel gegenseitige Rücksichtnahme, Hilfestellung und Gruppenbewusstsein sind in großem Maße vorhanden. Die Kinder gehen hilfsbereit miteinander um und sind bei Gruppen- oder Partnerarbeit meist in der Lage eigenständig und ohne Streitereien ihre jeweilige Gruppe zu organisieren und kooperativ zusammenzuarbeiten. Gleichzeitig lernen die Kinder durch die Sitzeinteilung an den Gruppentischen sich in einer Gruppe einzufügen und haben außerdem die Möglichkeit, aufgrund der regelmäßigen Sitzordnung, mit allen Kindern in Kontakt zu kommen. Es gibt keinen Schüler, der von den anderen ausgegrenzt oder auffällig geärgert wird. Alle werden in das soziale System mit einbezogen. Die Schüler haben gelernt sich gegenseitig anzunehmen, selbst die „Problemkinder" sind in die Klassengemeinschaft integriert und akzeptiert.

Allerdings gibt es in der Klasse auch durchaus lebhafte Kinder, die zeitweise durch unangemessenes Verhalten auffallen und den Stundenverlauf dadurch beeinträchtigen.

Die Schüler sind mit den Arbeitsformen des Stationsbetriebs und des Stationslernens vertraut und durch die regelmäßige Arbeit mit Laufzetteln im Mathematikunterricht sind auch Freiarbeitsphasen bekannt. Die Arbeit mit Laufzetteln ist gut eingeübt und für die meisten Schüler problemlos. Lange Konzentrationsphasen bei Formen des Frontalunterrichts oder bei langen Phasen im Stuhlkreis sind in dieser Klasse allerdings nicht immer erfolgreich, da die Schüler sehr schnell unaufmerksam und unruhig werden. Auch bei langen Stillarbeitsphasen müssen die Schüler immer wieder zur Ruhe ermahnt werden.

---

[1] Aus Gründen der Vereinfachung wird im vorliegenden Unterrichtsentwurf stellvertretend für den weiblichen und männlichen Plural die maskuline Form verwendet. Der Begriff ‚Schüler' ist demnach geschlechtsunspezifisch zu verstehen und beinhaltet keinerlei Wertung.

## 1.3. Lern- und Leistungssituation der Klasse

In der Klasse 3 lässt sich in sehr gemischtes Interesse am Mathematikunterricht feststellen. Der Großteil der Schüler zeigt jedoch großen Eifer, viel Freude und Ehrgeiz im Mathematikunterricht, sowie ein großes Spektrum an Sach-, Selbst- und Sozialkompetenz, was sich insbesondere darin zeigt, dass Anregungen angenommen und individuell umgesetzt werden. Besonders beliebt sind Matheübungen, die spielerisch, meist in Gruppen- oder Partnerarbeit, umgesetzt werden. Auch bei offenen Unterrichtsangeboten zeigen die Schüler Motivation und Engagement, versehen die Inhalte mit Ideenvielfalt, erkunden und entdecken eigene Lösungen.

Hinsichtlich des mathematischen Niveaus weisen die Kinder der Klasse 3 unterschiedliche Ausprägungen auf. Im Gesamtbild beurteile ich die mathematischen Fähigkeiten der Klasse als recht gut. Die meisten Schüler besitzen gute Rechenfähigkeiten, kreatives Denken und eine schnelle Auffassungsgabe. Insgesamt erfahre ich die Mitarbeit der Schüler als aufgeschlossen und interessiert.

Einige Schüler fallen im Mathematikunterricht aber insbesondere durch starke Defizite im Bereich des Rechnens und im Begreifen und Anwenden neuer Inhalte auf. Dies lässt sich besonders in den Freiarbeitsphasen des Unterrichts beobachten. Zu diesen leistungsschwächeren Schülern gehören .... Es fällt ihnen schwer, Arbeitsaufträge zu verstehen und diese auszuführen, wodurch sie erheblich mehr Bearbeitungszeit und Hilfe als die anderen Schüler der Klasse benötigen. Insbesondere ... ist zumeist überfordert, weshalb sie schnell die Lust und das Interesse am Unterrichtsgegenstand verliert. ... besuchen bereits den Mathematik Förderkurs.

Zu den begabten Schülern gehört – neben einigen anderen (siehe unten) – in erster Linie ... Anders als ..., ist ... häufig unterfordert und dadurch gelangweilt. Er fällt so regelmäßig durch Störungen im Unterricht auf, redet herein, nimmt Lösungen vorweg und lenkt andere Schüler ab. ... erhält von mir meist schwierigere oder zusätzliche Aufgabenstellungen, so dass auch er im Mathematikunterricht gefordert wird.

Zu den leistungsstarken Schülern gehören weiterhin .... Sie benötigen häufig weiterführende, differenzierte Übungsaufgaben.

Ich sehe meine Aufgabe in erster Linie darin, durch differenzierte Arbeitsanweisungen und Hilfen auf die Leistungsunterschiede der Kinder einzugehen, so dass sich alle Kinder gleichermaßen am Unterricht beteiligen können.

Abhängig von der mathematischen Begabung und von den außerschulischen Vorerfahrungen der Schüler sind die im Rahmen dieser Unterrichtsstunde grundlegenden mathematischen Fähigkeiten und Fertigkeiten – wie etwa das das Argumentieren, das Kommunizieren sowie das Präsentieren – ebenfalls sehr unterschiedlich ausgeprägt.

Inhaltlich greift die Unterrichtsstunde die Kenntnisse der Schüler zu den ebenen Formen – den geometrischen Flächen Rechteck, Quadrat, Dreieck und Kreis – und zu den räumlichen Formen – den geometrischen Körpern Würfel, Quader und Kugel – aus der zweiten Klasse auf.

## 1.4. Unterrichtsorganisatorische Aspekte

Das Klassenzimmer der Klasse 3 befindet sich .... Die Tische sind zu sechs Gruppentischen zusammengestellt, an denen jeweils vier und zweimal drei Schüler sitzen. Ein Schüler sitzt an einem Einzeltisch. Die Sitzordnung wechselt regelmäßig, sodass die Zusammensetzung der Schüler an den Gruppentischen stets variiert.

Die Größe des Klassenzimmers ermöglicht es, schnell und einfach einen Stuhlkreis oder den in dieser Stunde benötigten Kinositz, zu stellen.

Die Mathematikstunde, in der der Unterrichtsbesuch stattfindet, liegt in der dritten Stunde. Aufgrund der vorangehenden großen Pause, ist es mir möglich bereits den für den Beginn der Unterrichtsstunde notwendigen Kinositz (Halbkreis vor der Tafel) zu stellen, sodass der der Unterricht ohne organisatorischen Aufwand direkt im Kinositz beginnen kann.

## 2. Überlegungen und Entscheidungen zum Unterrichtsgegenstand

### 2.1. Klärung der Sache

Die **Geometrie** (altgriechisch ‚Erdmaß', ‚Landmessung') ist ein <u>Teilgebiet der Mathematik</u>. „In der Geometrie versteht man unter einem **Körper** eine dreidimensionale beschränkte <u>geometrische Form</u>, welche durch Grenzflächen beschrieben werden kann. Eine geometrische Form heißt dabei dreidimensional, wenn sie in keiner Ebene vollständig enthalten ist, und beschränkt, wenn es eine Kugel gibt, welche diese Form vollständig enthält. Genauer heißt eine geometrische Form der soeben beschriebenen Art ein dreidimensionaler Körper [...]. Die bekanntesten Körper besitzen flache oder kreis- bzw. kugelförmige Grenzflächen. Als Beispiele dienen Zylinder, Kegel, Kugel, Prisma, Pyramide, Tetraeder, Würfel, sowie die fünf regulären Polyeder. Wenn ein Körper ausschließlich von ebenen Flächen begrenzt wird, spricht man von einem Polytop oder von einem beschränkten Polyeder (Vielflächner)."[2]

**Würfel**

Ein Würfel (auch gleichseitiges Hexaeder, von griech. *hexáedron*, „Sechsflächner", oder Kubus, von lat. *cubus*, „Würfel") ist ein (dreidimensionales) Polyeder mit sechs (kongruenten) Quadraten als Begrenzungsflächen, zwölf (gleichlangen) Kanten und acht Ecken, in denen 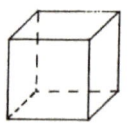 jeweils drei Begrenzungsflächen zusammentreffen. Der Würfel ist ein Spezialfall eines Quaders, bei dem alle Kanten gleich lang sind.

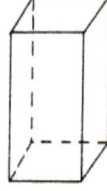

**Quader**

Ein Quader ist ein Körper mit sechs rechteckigen (Begrenzungs-) Flächen – deren Winkel alle rechte Winkel sind –, acht rechtwinkeligen Ecken und zwölf Kanten, von denen jeweils vier gleiche Längen besitzen und zueinander parallel sind. Gegenüberliegende Flächen eines Quaders sind kongruent.

**Kugel**

Eine Kugel ist in der Mathematik die Kurzbezeichnung für Kugelfläche und Kugelkörper. Die Kugelfläche wird beschrieben als die Menge (der geometrische Ort) aller Punkte im dreidimensionalen euklidischen Raum, deren Abstand von  einem festen Punkt des Raumes (Mittelpunkt der Kugel) gleich einer gegebenen positiven reellen Zahl $r$ (Radius der Kugel) ist. Die Kugel besitzt weder Kanten noch Ecken.

---

[2] http://de.wikipedia.org/wiki/Körper_(Geometrie)

## Kegel

Wenn in der Geometrie von einem Kegel gesprochen wird, ist häufig der Spezialfall des geraden Kreiskegels gemeint. Unter einem *Kreiskegel* versteht man einen spitzen Körper, der durch einen Kreis (Grundfläche) und einen Punkt außerhalb der Ebene des Kreises (Spitze des Kegels) festgelegt ist.
Ein Kegel besitzt genau zwei Flächen, eine Ecke und eine Kante.

## Zylinder

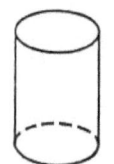

Ein endlicher Zylinder (von griechisch *kylíndein* ‚rollen', ‚wälzen') ist von zwei parallelen, ebenen Flächen (Grund- und Deckfläche) und einer Mantelfläche – die von parallelen Geraden gebildet wird – begrenzt.
Sind die Geraden senkrecht zu Grund- und Deckfläche, spricht man von einem geraden Zylinder. Ist in der Geometrie von einem Zylinder die Rede, handelt es sich zumeist um einen (geraden) Kreiszylinder. Dieser wird begrenzt von zwei zueinander parallelen, gleich großen Kreisflächen und der so genannten Mantelfläche. Er besitzt somit genau drei Flächen, zwei Kanten und keine Ecken.

## Pyramide

Eine Pyramide ist ein spitzer Körper. Sie wird begrenzt von einem Vieleck (Polygon) beliebiger Eckenzahl (der Grundfläche) und mindestens drei Dreiecken (den Seitenflächen), die in einem Punkt (der Spitze der Pyramide) zusammentreffen. Eine vierseitige Pyramide ist entsprechend ein von einem Viereck und vier Dreiecken begrenzter Körper. Sie besitzt fünf Flächen, fünf Ecken und acht Kanten. In unserem Fall handelt es sich um eine gerade (regelmäßige) Pyramide mit quadratischer Grundfläche. [3,4]

## Fläche, Kante, Ecke

Geometrische Körper werden durch <u>Flächen</u> begrenzt (Begrenzungsflächen). Eine Fläche ist ein zweidimensionaler, also flacher Gegenstand (Figur/Objekt ohne Rauminhalt), der eben oder gewölbt sein kann.

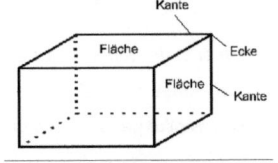

Zwei aneinander stoßende Flächen bilden eine <u>Kante</u>. Anders: Eine Kante ist eine Strecke, welche die Ecken eines geometrischen Körpers bzw. eines Polygons verbindet. Kanten können gerade oder gekrümmt sein.

Eine <u>Ecke</u> (auch Eckpunkt) ist in der Geometrie ein besonders ausgezeichneter Punkt der Grenzlinie oder -fläche eines Gebietes. Die Ecken von zweidimensionalen Polygonen (Viele-

---

[3] Abbildungen der geometrischen Körper: Vgl. Brandenburg, B. (2001): Geometrie: So geht's. S. 38
[4] Vgl. www.wikipedia.org

cken) sind die Punkte, an denen die begrenzenden Linien, die Seiten, aufeinander treffen. Im Falle der dreidimensionalen Polyeder (Vielflächner) bezeichnet man die Punkte, an denen (mindestens) drei der begrenzenden Flächen aufeinander treffen, als Ecken. Die Ecken von Polyedern sind Endpunkte der Kanten. Aufeinander treffende Kanten bilden demnach stets eine Ecke.[5]

## 2.2. Didaktische Überlegungen

In unserer Umwelt sind alle Körperformen zu finden, die in der Grundschule anzusprechen sind: Würfel, Quader, Zylinder, Kugel, Kegel und Pyramide.[6] Geometrische Körper sind für die Kinder in der Umwelt allgegenwärtig – sie begegnen den Kindern in der Freizeit (Bälle, Kreisel, Spielwürfel), in der Natur, im häuslichen Bereich (Verpackungen, Haushaltsrollen), in Bauwerken (Häuser, Dächer, Brücken setzen sich zusammen aus geometrischen Körpern wie Quadern, Dreiecksäulen, Zylindern etc.) und in der Kunst.

Durch die intensive Auseinandersetzung mit Körpern können die Kinder erkennen, dass Körperformen auch in ihrer unmittelbaren Umwelt vorkommen. Darüber hinaus bietet das Thema „Körper" für die Schüler die Möglichkeit, eine räumliche Vorstellungskraft zu entwickeln. Die Ausbildung der Raumvorstellung befähigt den Menschen, sich in der Umwelt, die aus Formen, Figuren und Körpern besteht, zurechtzufinden und gehört deshalb zu den grundlegenden Aufgaben des Geometrieunterrichts. Außerdem gilt die Raumvorstellung als ein wichtiger Faktor der menschlichen Intelligenz und ist in bestimmten Berufen unverzichtbar, sowie auch im Alltag sehr nützlich, denkt man etwa an das Zusammensetzen von Maschinenteilen, das Zusammennähen von Kleidungsstücken oder das Aufstellen eines in Einzelteile zerlegten Möbelstücks.[7]

Die Raumvorstellung umfasst drei besondere Fähigkeiten:
1. Räumliche Orientierung (wirkliche oder gedankliche Orientierung im Raum)
2. Räumliches Vorstellen (Objekte in der Vorstellung reproduzieren)
3. Räumliches Denken (in Gedanken mit Vorstellungsinhalten operieren)[8]

Indem sich die Kinder mit geometrischen Problemen aktiv auseinandersetzen, kann erreicht werden, dass sie sich auch in Zukunft mit Selbstsicherheit und Freude an geometrische Problemstellungen heranwagen.

---

[5] Vgl. http://www.mathewiki.medpaed.de
[6] Vgl. Franke (2008): Didaktik der Geometrie in der Grundschule. S. 145
[7] Radatz/Rickmeyer (1991): Handbuch für den Geometrieunterricht an Grundschulen. S.
[8] Radatz/Schipper (2007): Handbuch für den Mathematikunterricht Kl. 3, S.

Der heutigen Unterrichtsstunde gehen grundlegende geometrische Aktivitäten in den vorangehenden Schuljahren voraus: In den ersten beiden Schuljahren haben die Kinder einfache geometrische Körper in der Umwelt, in Spielhandlungen und im freien und thematisierten Bauen kennen gelernt und erste Einblicke in das Thema „Flächen" erhalten. Des Weiteren sind ihnen einige der Körpernamen sicherlich bereits im Alltag begegnet, z.b. Würfel und Kegel von Spielen, Pyramiden von Ägypten und der Zylinder als Hut. Auch Fachbegriffe wie „Ecken" und „Kanten" dürften sie bereits kennen. Diese Vorerfahrungen und ihr Alltagswissen gilt es nun zu präzisieren und zu systematisieren – im dritten Schuljahr liegt der Schwerpunkt deshalb auf den Eigenschaften und Besonderheiten geometrischer Körper.[9]

Die Unterscheidung zwischen Flächen und Körpern und zwischen verschiedenen Körpern stellt hohe Anforderungen an die Wahrnehmungsfähigkeit der Kinder. Die Flächen Quadrat, Rechteck und Kreis und die Körperformen Würfel und Quader müssten den Kindern aus den vorangehenden Schuljahren bekannt sein. Viele Gegenstände aus der Umwelt weisen jedoch noch weitere Körperformen auf. Die Körper treten allerdings kaum in exakter geometrischer Form auf. Es gilt deshalb zu erkennen, dass die Dinge und Gegenstände unserer Alltagswelt in der Regel nur annähernd den idealtypischen Körper-Formen entsprechen. So stehen zum Beispiel beim quaderförmigen Schuhkarton die Seiten des Deckels vor und beim Spielwürfel sind die Ecken abgerundet. Die Kinder lernen, von unwesentlichen Details zu abstrahieren, die Unterschiede – die sich meist auf bestimmte Funktionen und Zwecke zurückführen lassen – zu benennen und die Grundform von Gegenständen bewusst wahrzunehmen.[10] Zudem sind die Gegenstände aus unterschiedlichen Materialien (weich oder hart), sie haben verschiedene Farben (schön bunt oder grau) und vor allem bestimmte Funktionen. Von all diesen Eigenschaften müssen die Kinder im Unterricht absehen und lernen, geometrische Eigenschaften zu betrachten. Zudem repräsentieren Gebrauchsgegenstände und Verpackungen häufig nicht nur keine reine Körperform, sondern sind auch aus verschiedenen Körperformen zusammengesetzt oder mit Verzierungen versehen. Für die Kinder besteht eine wichtige Übung im Wiedererkennen bzw. Hineinsehen von Formen. Die Kinder müssen dann auch lernen, von Details wie Schnallen, Knöpfen, Verschlüssen und Verzierungen abzusehen und die geometrischen Grundformen zu identifizieren. [11]

Durch das genaue Untersuchen und Beschreiben von Körperformen lernen die Kinder, geometrische Körper anhand ihrer Eigenschaften zu unterscheiden und ihr räumliches Vorstellungsvermögen zu erweitern.

In erster Linie kommt es aber darauf an, dass die Kinder die verschiedenen Körperformen kennen und immer genau beschreiben können. Die gelingt besonders dann, wenn ihnen

---

[9] RAAbits Grundschule August 2007: Mathematik, Beitrag 43, S. 2f
[10] Vgl. Denken und Rechnen. Lehrerkommentar. S. 114
[11] Vgl. Franke (2008): Didaktik der Geometrie in der Grundschule. S. 145f

ausreichend Zeit gegeben wird, möglichst vielfältige Erfahrungen mit den Körpern zu machen (fühlen, ertasten, ordnen, beschreiben etc.).[12] Gerade beim Thema Körper bietet es sich an, neben dem optischen auch den sensorischen Sinn einzubeziehen. „Kinder verinnerlichen geometrische Begriffe und Merkmale über konkrete Handlungserfahrungen. Durch Begreifen können Beobachtungen über den visuellen und den taktilen Wahrnehmungskanal aufgenommen werden."[13] Beim Tasten mit verbundenen Augen bzw. beim Ertasten eines Körpers im Fühlsack entwickeln die Kinder ein „Bild" des Gegenstandes vor ihrem inneren Auge und beschreiben es. Dabei versprachlichen sie die Eigenschaften mit bestimmten Funktionen. Die Kinder stellen auf diese Wiese eine einprägsame Verbindung zwischen den geometrischen Gegebenheiten der Körper und ihren Erfahrungen in der Alltagswelt her.[14]

Bei der Beschreibung fällt es den Kindern allerdings oft schwer, zwischen Flächen- und Körperbezeichnung zu unterscheiden. So wird der Begriff „Würfel" oft synonym gebraucht mit dem Begriff „Quadrat", der Begriff „Kreis" mit dem Begriff „Kugel" usw. Das mag daran liegen, dass auf Abbildungen Körper als Flächen erscheinen. Dabei wird stets vorausgesetzt, dass die Kinder die Gegenstände auf solchen Bildern kennen, Erfahrungen im Umgang mit ihnen haben und gedanklich damit operieren können. Derartige Abbildungen können das Hantieren mit realen Objekten nicht ersetzen.[15] Die Vorstellung von räumlichen Formen müssen die Kinder deshalb handelnd gewinnen. Durch Befühlen realer Körper muss den Kindern das Körperliche dieser Gegenstände bewusst gemacht werden. Andererseits ist die Erkenntnis zu vermitteln, dass auf Bildern Körper nur als Flächen erscheinen können.

Erst wenn die Kinder im Umgang mit räumlichen Formen ein gewisses Maß an Sicherheit gewonnen haben – diese entsteht gerade beim Erlernen von Begriffen durch viele Beispiele –, können die ebenen Formen hinzukommen. Man gewinnt die Flächenformen auf der Grundlage räumlicher Objekte. Ein Quadrat ist dann ein „Abdruck" eines Würfels. Quadrate (und auch Rechtecke, Dreiecke oder Kreise) kann man nicht in die Hand nehmen. Man kann sie aber zeichnen, indem man z.B. einen geeigneten Körper mit einem Stift umfährt oder man bekommt sie, indem man einen Abdruck von dem entsprechenden Körper nimmt (z.B. in den Körper in den Sand drückt).[16]

---

[12] Ebd. S. 118
[13] Radatz/Schipper (2007): Handbuch für den Mathematikunterricht Kl. 3, S.159
[14] Vgl. Welt der Zahl. Lehrerkommentar zu S. 100
[15] Vgl. Franke (2008): Didaktik der Geometrie in der Grundschule. S. 149
[16] Vgl. Zahlenzauber. Lehrerkommentar. S. 73

## 2.3. Einordnung in den Bildungsplan

Im Bildungsplan zum Mathematikunterricht in der Grundschule des Landes Baden-Württemberg wird die Auseinandersetzung mit den geometrischen Körpern Würfel, Quader, Kugel, Kegel, Zylinder und Pyramide unter der Leitidee „Raum und Ebene" behandelt.

„Die Schülerinnen und Schüler können
- geometrische Körper in der Umwelt entdecken und identifizieren
- ausgewählte geometrische Körper nach Vorlage bauen, Körperformen und deren Eigenschaften beschreiben
- geometrische Körper auf Funktionalität prüfen und deren Anwendung und Nutzung im Alltag erkennen
- geometrische Körper miteinander vergleichen und zueinander in Beziehung setzen
- Flächen und Formen identifizieren, sie benennen, zueinander in Beziehung setzen und mit ihnen kreativ gestalten."[17]

Durch den handelnden und entdeckenden Umgang mit den geometrischen Körpern, aber auch durch das Zusammenspiel von Handeln und Reflektieren wird gleichzeitig die Weiterentwicklung der allgemeinen mathematischen Kompetenzen gefördert:

- Durch die kontinuierliche Auseinandersetzung mit den Mitschülern stellt das Kommunizieren einen wichtigen Bestandteil dar. Dabei steht nicht nur der Austausch der jeweiligen Denk- und Lösungswege im Vordergrund, sondern auch das Bewusstwerden über die eigenen Gedankengänge. Erst wenn man sich diese und den zugehörigen Sachverhalt verdeutlicht hat, ist der Schüler auch dazu in der Lage, sie seinem Gegenüber zu erläutern.
- Auch Fähigkeiten des Fragens und Argumentierens sind gefordert und werden gefördert, indem mathematische Zusammenhänge erkannt und Vermutungen entwickelt, Begründungen gesucht und nachvollzogen werden.
- Das Forschen, Untersuchen, Vergleichen, Entdecken, Ordnen und Analysieren spielt in der heutigen Unterrichtsstunde ebenso eine wichtige Rolle, wie das Dokumentieren und Präsentieren der Ergebnisse.

---

[17] Vgl. Bildungsplan für die Grundschule S. 61

## 2.4. Einordnung in die Unterrichtseinheit

Diese Unterrichtseinheit umfasst voraussichtlich sechs bis neun Unterrichtsstunden:

1. Wiederholung der Begriffe und Eigenschaften geometrischer Flächen
2. **Einführung in die Begriffe und Eigenschaften geometrischer Körper**
3. Geometrische Körper in Alltag und Umwelt – wir bauen einen eigenen Körperroboter
4. Spielerische Wiederholung und Vertiefung der Eigenschaften geometrischer Körper – wir stellen die geometrischen Körper mit Knete selbst her
5. Würfelnetze und andere Körpernetze
6. Würfelgebäude und ihre Baupläne
7. Bauen – verschiedene Ansichten und Perspektiven


## 3. Intentionen des Unterrichts

„Fachliche Kompetenz in Geometrie befähigt die [...] Schüler ihre natürliche Umgebung und ihre gestaltete Umwelt bewusst wahrzunehmen. Sie entdecken Strukturen und Phänomene, sie analysieren diese, setzen sie zueinander in Beziehung, erwerben dadurch geometrisches Vorstellungsvermögen und wenden dieses beim Zeichnen und künstlerischen Gestalten an."[18]

Langfristiges Ziel ist die Ausbildung der Raumvorstellung, die den Menschen befähigt, sich in der Umwelt, die aus Formen, Figuren und Körpern besteht, zurechtzufinden.

Angestrebte Kompetenzen für die gesamte Unterrichtseinheit „Geometrische Körper"
– untergliedert in die angestrebten Teilkompetenzen, über die die Schüler nach der Einheit im jeweiligen Inhaltsbereich verfügen sollen.

1. Eigenschaften geometrischer Körper
   - geometrische Körperformen anhand ihrer Eigenschaften erkennen und unterscheiden
   - zu eingeführten geometrischen Körpern alle spezifischen Eigenschaften fachsprach-lich korrekt benennen
   - nach Vorgabe geometrischer Eigenschaften den jeweiligen Körper angeben
2. Geometrische Körper in der Umwelt
   - ausgewählte Umweltgegenstände geometrischen Körperformen zuordnen

---

[18] Vgl. Bildungsplan für die Grundschule S. 55

- geometrische Körper in Bild-/Umweltsituationen auffinden und benennen
- zu geometrischen Körpern Umweltgegenstände nennen
- unstrukturierte komplexe Gebäude gedanklich in mögliche Grundbausteine (geometrische Körper) zerlegen

3. Modelle von geometrischen Körpern
- Kanten-/Vollmodelle geometrischer Körper herstellen
- an vorgegebenem Baumaterial (z.B. Stäbe/Knetkugeln) den jeweiligen geometrischen Körper erkennen
- für den Bau eines Kantenmodells benötigtes Baumaterial angeben

4. Flächen an geometrischen Körpern
- geometrischen Körpern ihre Grund-, Deck- und Seitenflächen zuordnen
- vorgegebene Flächenformen gedanklich zu einem geometrischen Körper zusammenfügen

5. Körper und ihre Netze
- geometrische Körper an ihren Netzen/Abwicklungen erkennen
- fehlerhafte Netze handlungsorientiert wie auch zeichnerisch korrigieren
- unterschiedliche Netze zu geometrischen Körpern finden

6. Darstellungen von geometrischen Körpern
- geometrische Körper in unterschiedlichen Lagen bzw. perspektivischen Darstellungen erkennen
- perspektivische Darstellungen von Quader und Würfel anfertigen – mit Hilfsmitteln sowie als Freihandzeichnung"[19]

Heutiges Stundenziel: Die Schüler kennen und benennen die geometrischen Körper Quader, Würfel, Kugel, Pyramide, Zylinder und Kegel mit ihren Fachbegriffen und können deren Körperformen und Eigenschaften (Ecken, Kanten und Flächen) beschreiben.

Weitere Stundeziele: Die Schüler
- erkennen einen geometrischen Körper durch Fühlen.
- vergleichen die geometrischen Körper miteinander und setzen sie zueinander in Beziehung.
- erkennen die geometrischen Körper anhand deren Eigenschaften und Funktionalität.
- identifizieren die Flächen der Körper und benennen diese.
- präsentieren, erklären, vergleichen und beurteilen ihre Ergebnisse.

---

[19] Häring, Gudrun: Geometrische Körper – Lernerfolg beurteilen. In: Grundschule Mathematik Nr. 26

# 4. Überlegungen zum Lehr-Lernprozess – Methodische Überlegungen

Die heutige Einführungsstunde gliedert sich in die gemeinsame Einstiegsphase, in die handlungsorientierte Erarbeitungs- und in die abschließende Sicherungs- bzw. Reflexionsphase.

Schon vor Beginn der Unterrichtsstunde bittet die Lehrperson die Schüler, ihre Stühle in den für den Einstieg geplanten Kinositz – einen Halbkreis vor der Tafel, den die Schüler bereits aus dem Unterricht kennen – zu stellen.

---

**Einstiegs- und Hinführungsphase**

---

Sobald die Schüler aus der Pause in das Klassenzimmer kommen, nimmt die Lehrperson die Schüler in Empfang und weist sie darauf hin, sich gleich auf die Stühle in den **Kinositz** zu setzen. So kann die Stunde sofort beginnen, ohne dass unnötige Zeit für das Bilden des Kinositzes verloren geht.

Die **Stunde beginnt** mit einem **stummen Impuls**. Dazu präsentiert die Lehrperson den Schülern ROBO, einen Roboter, dessen Körper aus Würfeln, Quadern, Kugeln, Kegeln, Pyramiden und Zylindern besteht, den die Lehrperson auf den dafür vorbereiteten Tisch vor der Tafel stellt. Die Roboterfigur soll dabei in erster Linie motivierend und spielerisch auf das Thema der Stunde einstimmen.
Die Lehrperson wartet nun die **Äußerungen der Schüler** ab. Die Schüler werden vermutlich erkennen, dass ROBO aus verschiedenen „Formen" zusammengesetzt ist und gleiche Formen jeweils die gleiche Farbe haben. Da es sich bei der heutigen Stunde um eine Einführungsstunde handelt, werden den meisten Schülern der Oberbegriff „geometrische Körper" wie auch die korrekten mathematischen Körperbezeichnungen (außer evtl. bei Würfel und Kugel) vermutlich nicht geläufig sein. Daher werden zunächst auch Namensgebungen der Kinder – wie zum Beispiel Schachtel oder Schultüte – und Umschreibungen, wie „ist spitz" oder „ist rund" zugelassen. Diese sind ja nicht falsch und führen zudem direkt zum Erkennen und Verbalisieren besonderer Merkmale der ausgewählten Körper. Sollten die Schüler die mathematisch korrekten Bezeichnungen der Körper allerdings nennen, hängt die Lehrperson das entsprechende Begriffskärtchen an die Tafel. Gleichzeitig stellt sie das entsprechende idealtypische Modell des geometrischen Körpers unter das passende Begriffskärtchen neben ROBO auf den Tisch.

Die Lehrperson entnimmt ROBO nun einen **Brief** und beginnt diesen **vorzulesen**. An den entsprechenden Stellen stoppt die Lehrperson und lässt die Schüler zu Wort kommen. Dabei werden **verschiedene Fragestellungen** diskutiert und gemeinsam gelöst, sodass die für die folgende Erarbeitungsphase notwendigen Grundlagen allen Schülern bekannt sind. Begrifflichkeiten wie Ecke, Kante oder Fläche werden an dieser Stelle jedoch bewusst nicht angesprochen, da diese in der Erarbeitungsphase durch die Tastaufgabe von den Schülern selbst entdeckt werden sollen und auf diese Weise auch besser gemerkt werden können.

Die Lehrperson liest noch im Kinositz den **Arbeitsauftrag für die folgende Arbeitsphase** vor und hängt diesen zur Visualisierung zusätzlich an die Tafel. Zudem teilt die Lehrperson den Schülern mit, dass sie, sobald alle wieder an ihren Plätzen sitzen, **auf jeden Gruppentisch sechs Fühlsäckchen** – mit je einem geometrischen Körper darin – legt und jedem Schüler eine **Übersichtstabelle** der sechs Körper austeilt. Da die Tabelle für sich selbst spricht, bedarf diese keiner weiteren Erläuterung.

Alternativ hätte die Lehrperson die Schüler auch zuerst an ihre Plätze zurückschicken können und ihnen dann den weiteren Ablauf erläutern können, durch das Zurücksetzen wäre jedoch Unruhe aufgekommen und die Lehrperson hätte vermutlich viel länger warten müssen, bis die Schüler wieder konzentriert zuhören können.

Nun wird der **Kinositz aufgelöst** und die Lehrperson kann nun bereits die Fühlsäcke und die Übersichtstabellen austeilen, so dass die Schüler ohne weitere Anweisungen, wenn sie Platz genommen haben, direkt mit der Erarbeitung in Einzelarbeit beginnen können.

## Erarbeitungsphase

Ihren Anreiz erhält die Erarbeitungsphase für die Kinder dadurch, dass sie ein Ziel vor Augen haben, nämlich – nach der intensiven Auseinandersetzung mit den geometrischen Körpern – letztlich einen ebensolchen Roboter wie ROBO bauen zu dürfen. Zudem steht in dieser Phase klar das eigene Handeln der Schüler im Mittelpunkt – das Erfühlen und Erraten, wie auch das genaue Untersuchen der geometrischen Körper weckt die kindliche Neugierde. Die Schüler werden dementsprechend motiviert in die Erarbeitungsphase starten.

**Zunächst** sollen die Kinder nur durch Tasten und Fühlen erraten, welcher Körper sich in dem von ihnen ausgewählten Fühlsack befindet. Durch das **Erfühlen der Körper** schärfen die Schüler die Auffassung der Merkmale der Körper. Dabei schulen sie ihre Raumvorstellung, da sie die erfühlten Körper in ihrer Vorstellung gedanklich reproduzieren müssen. Dieser spielerische Umgang motiviert die Schüler, da es eine Herausforderung für sie darstellt, etwas zu fühlen und zu erraten, was sie nicht sehen.

Die konkrete Handlungsorientierung ermöglicht hierbei, dass jedes Kind die Chance hat, auf seiner Stufe des Könnens zu arbeiten. Die Aufgabe, die Körper auf ihre Eigenschaften hin zu untersuchen, kann aufgrund der Handlungsorientierung entweder konkret mit Material gelöst werden oder – von leistungsstärkeren Kindern – auch abstrakt auf symbolischer Ebene, indem die Abbildungen der Körper in der Übersichtstabelle herangezogen werden.[20]

**Nach dem Erfühlen** nehmen die Schüler ihren **Körper** aus dem Fühlsack heraus und **untersuchen** diesen nun genauer, indem sie in ihrer **Übersichtstabelle** die Spalte für den entsprechenden Körper **ausfüllen**. Die einzelnen Merkmale, auf die Körper hin untersucht werden sollen (Name, Ecken, Kanten, Flächen, Flächenformen, weitere Eigenschaften) sind dabei bereits in der Tabelle vorgegeben.

Alternativ hätten die Schüler die Körper auch ohne Vorgaben untersuchen können und somit eigene Kriterien für die Analyse der Körper bestimmen und festlegen können. Aufgrund der Einheitlichkeit und besseren Vergleichbarkeit in der abschließenden Sicherungsphase, habe ich mich allerdings für die vorgegeben Untersuchungsmerkmale entschieden.

Hat ein Schüler die Spalte für einen Körper vollständig ausgefüllt, steckt er den Körper wieder in den zugehörigen Fühlsack, legt ihn zurück in die Tischmitte und nimmt sich **einen weiteren Fühlsack**. Damit die Schüler bei sechs Fühlsäcken nicht die Übersicht verlieren, sind die Fühlsäcke mit Nummern von eins bis sechs versehen. Die Schüler notieren sich in ihrer Tabelle zu dem bereits untersuchten Körper die entsprechende Nummer des Fühlsacks und bearbeiten so keinen Körper doppelt. Durch das unterschiedliche Arbeitstempo haben die schnellen Schüler zudem stets Ausweichmöglichkeiten auf die verbleibenden in der Mitte liegenden Fühlsäcke, so dass die Erarbeitungsphase reibungslos verlaufen dürfte.

Als **Differenzierung** liegt zudem am Lehrerpult eine **Tipp-Karte** (s. Anhang 7.3) aus, die die Schüler einsehen können, falls sie nicht weiter wissen oder sich eines Ergebnisses nicht sicher sind. Auf dieser Tipp-Karte sind **als Hilfe** die möglichen Ecken-, Kanten- und Flächenanzahlen der Körper angegeben, zudem die möglichen Flächen, aus denen die Körper bestehen können und auch Beispiele für weitere Eigenschaften der Körper.

Für die sehr leistungsstarken und schnellen Schüler liegt außerdem – falls notwendig – eine **Zusatzaufgabe** (s. Anhang 7.4) bereit.

In dieser **Erarbeitungsphase** ist es die **Aufgabe der Lehrperson**, gerade leistungsschwächeren Schülern unterstützend zur Seite zu stehen. Durch die konkrete Handlungsorientierung können mit diesen Kindern beispielsweise die Begriffe Ecke, Kante, Fläche und Flä-

---

[20] Vgl. Bildungsplan. S. 56

chenform noch einmal anschaulich geklärt werden. Besonders für leistungsschwächere Schüler ist es deshalb wichtig, möglichst lange auf der enaktiven Ebene zu arbeiten: sie müssen die Körper in erster Linie konkret anfassen, um Erfahrungen damit machen zu können, auf denen sie dann aufbauen können.

**Ziel der Erarbeitungsphase** ist es keinesfalls, dass jeder Schüler jeden Körper bearbeitet. Wichtig ist vielmehr, dass die Schüler sich die mathematischen Begriffe, Körperformen und Eigenschaften der bereits bearbeiten Körper bewusst machen und diese verinnerlichen, so dass sie ein konkretes Bild der Körper in ihrer Vorstellung besitzen. Letztendlich geht es darum, jeden Schüler seinem Tempo entsprechend individuell und handlungsorientiert arbeiten zu lassen und somit jedem Kind auf seinem Niveau die eigenständige Auseinandersetzung mit diesem spannenden mathematisch-geometrischen Thema zu ermöglichen.

Das **Anschlagen der Klangschale** – ein für die Schüler aus dem Unterricht bekanntes akustisches Signal – signalisiert das **Ende der Erarbeitungsphase**. Die Schüler legen ihr Material beiseite und richten ihren Blick zur Tafel, auf die die Lehrperson bereits die Übersichtstabelle, wie sie auch den Schülern vorliegt, gezeichnet hat.

Eine alternative Überlegung für die Erarbeitungsphase war diejenige, die Schüler in Partnerarbeit einen Steckbrief für je einen geometrischen Körper erstellen zu lassen. Je zwei Schüler hätten sich auf diese Weise gemeinsam mit einem Körper beschäftigt, diesen genauer untersucht und dafür einen Steckbrief auf einem großen Plakat erstellt, den sie dann den anderen Schülern präsentiert hätten. Allerdings habe ich mich gegen diese Überlegung entschieden, da jedes Schülerpaar so jeweils nur einen Körper untersucht und somit die Vergleichsmöglichkeiten zu den anderen Körpern gefehlt hätten. Zudem wäre durch die Partnerarbeit und den streng vorgegebenen Ablauf (fühlen, untersuchen, Steckbrief erstellen, Präsentation) dem in dieser Einführungsstunde so wichtigen individuellen Arbeiten gemäß dem eigenen Tempo keinerlei Rechnung getragen worden. Durch das Präsentieren der Steckbrief-Plakate wäre zwar abschließend ein gemeinsamer Vergleich zwischen den Körper möglich gewesen – allerdings lediglich ein „theoretischer", jedoch kein „praktischer" Vergleich durch das konkrete Fühlen und in der Hand halten der verschiedenen Körper.

---

**Sicherungs- und Reflexionsphase**

---

Der Schwerpunkt dieser Stunde liegt – neben der handlungsorientierten Erarbeitungsphase – in der abschließenden Phase der Ergebnissicherung und Reflexion, da hier die Bündelung und Verbalisierung der gemachten Erfahrungen erfolgen muss.

**Zunächst** erfolgt die **Ergebnissicherung**, indem die Ergebnisse in der Übersichtstabelle an der Tafel zusammengetragen werden. Dazu nennen einzelne Schüler der Lehrperson die Eintragungen in ihren Tabellen und die Lehrperson überträgt die richtigen Angaben in die **Tabelle an der Tafel.** Auf diese Weise können die Schüler ihre Aufschriebe kontrollieren und gegebenenfalls verbessern bzw. ergänzen, sodass schließlich jeder Schüler eine vollständig richtige Übersichtstabelle zu den sechs geometrischen Körpern vor sich liegen haben müsste.

**Abschließend** sollen nun die neu gewonnen Erkenntnisse der heutigen Stunde noch einmal aufgriffen, gesichert und vertieft werden. Um alle Schüler in dieser wichtigen Reflexionsphase zu erreichen, findet die **Reflexion in spielerischer Form** statt. So werden gerade auch die schwächeren Schüler motiviert, sich an dieser Stelle noch einmal aktiv zu beteiligen. Das den Übungen der Kopfgeometrie entnommene Spiel „Körper raten" dient als Anstoß für ein Gespräch über die Merkmale der Körper, ihrer Gemeinsamkeiten und Unterschiede. Um die Grundidee der Stunde nicht aus den Augen zu verlieren bzw. den Anfang der Stunde erneut aufzugreifen, liest die Lehrperson nun noch einmal aus dem **Brief ROBOs** vor, der den Kindern darin – je nach verbleibender Zeit – ein oder mehrere **Körperrätsel** stellt. Er beschreibt den Schülern verschiedene Körper, indem er lediglich einige Merkmale nennt und die Schüler daraufhin zu erraten versuchen, welchen Körper ROBO meint. Die Schüler sollen dabei begründen und argumentieren, warum sie einen Körper erkannt oder aber welche Körper sie sofort ausgeschlossen haben. Dabei können die Schüler die Gegenstände und Modelle auf ihren Gruppentischen betrachten, so dass ihnen dies eine Hilfe bei der Beschreibung und beim Erkennen der Körper sein wird. Die Schüler sollen so letztlich erkennen, dass sie Ecken, Kanten und Flächen benötigen, um Körper exakt beschreiben zu können. Außerdem sollen sie erkennen, dass man oftmals erst durch die Benennung aller Merkmale die Körperform sicher bestimmen kann.

Als **Hausaufgabe** bekommen die Schüler von ROBO weitere Körperrätsel ausgeteilt und die Aufgabe, ein solches selbst zu erfinden. Dadurch wiederholen und vertiefen die Schüler zuhause noch einmal die heutigen Stundeninhalte.

Mit dem **abschließenden Hinweis** ROBOs, dass man sich nun – nachdem die Schüler die sechs verschiedenen Körper genauestens untersucht haben – in der nächsten Mathestunde an den Bau eines eigenen Körperroboters machen könne, verabschiedet die Lehrperson die Schüler in die Pause.

## 5. Verlaufsplanung des Unterrichts

| ZEIT/PHASE | STUNDENVERLAUF / METHODEN | HINWEISE / ERLÄUTERUNGEN | SOZIALFORM / MATERIALIEN |
|---|---|---|---|
| 9.55 Hinführung 10 min | - Einstieg/Impuls im Kinositz: L präsentiert ROBO auf Tisch vor Tafel<br>- Schüleräußerungen abwarten<br>- L liest Brief von ROBO vor<br>→ hängt entspr. Begriffe an Tafel (bei Schüleräußerung evtl. früher)<br>→ S lösen die Probleme und Fragestellungen aus ROBO's Brief<br>→ L liest Arbeitsauftrag für nächste Phase vor<br>- S wiederholen Arbeitsauftrag | → Kinositz schon aufgestellt<br><br>→ Begriffkarten: geometrische Körper, Würfel, Quader, Kugel, Kegel, Pyramide, Zylinder<br>→ Arbeitsauftrag zur Visualisierung an Tafel hängen | Kinositz, ROBO<br><br>Brief, U-Gespräch<br>Begriffkarten<br><br>Arbeitsauftrag für Tafel |
| 10.05 Erarbeitung 15 min | - Kinositz auflösen<br>- L teilt Fühlsäcke und Übersichtstabellen aus<br>- Schüler erfühlen und untersuchen die Körper in Einzelarbeit<br>→ S füllen die Tabelle aus<br><br><br>- L beendet die Arbeitsphase durch akustisches Signal (Klangschale) | → je ein Körper in einem Fühlsack<br>→ je sechs Fühlsäcke für jeden Tisch<br>→ individuelles Arbeitstempo<br>→ Differenzierung: am Lehrerpult liegen Tipp-Karten aus, S können sich diese als Hilfen holen, wenn sie alleine nicht weiterwissen<br>→ Zusatz-Arbeitsblatt für schnelle Schüler | Fühlsäcke mit Körpern, Übersichtstabelle<br>Einzelarbeit<br>Tipp-Karten<br><br>Zusatz Arbeitsblatt |
| 10.20 Ergebnis-sicherung 10 min | - gem. Ausfüllen der Übersichtstabelle an der Tafel<br>→ S nennen ihre Ergebnisse, L füllt Tabelle aus<br>→ S überprüfen und verbessern bzw. ergänzen ggf. ihre Tabelle | | Übersichtstabelle an Tafel |
| 10.30 Reflexion / Transfer 10 min | - L liest Brief weiter vor<br>→ S vergleichen die Eigenschaften der Körper: Gemeinsamkeiten / Unterschiede<br>- L liest Brief weiter vor<br>→ Transfer: Körperrätsel<br><br>- L liest Brief zuende, HA aufgeben<br>- Schüler in Pause verabschieden | <br><br><br><br><br>→ HA zur Wiederholung und Sicherung des Gelernten: Körperrätsel | Brief<br><br><br><br><br>AB Körperrätsel |

# 6. Literaturverzeichnis

Brandenburg, B. (2001): *Geometrie: So geht's. 1. bis 4. Schuljahr.* Mühlheim a.d.R.: VadR

*Denken und Rechnen* - Ausgabe Baden-Württemberg: 3. Jahrgangsstufe (2002) Lehrermaterialien. Braunschweig: Westermann, S. 114-120.

Franke, M. (2008): *Didaktik der Geometrie in der Grundschule.* München: Spektrum Akademischer Verlag, S. 133-179.

*Grundschule Mathematik 2010 (26):* Geometrische Körper. Friedrich Verlag.

Mathewiki: *Geometrische Körper* (2006). Zugriff am 13.10.2010 unter http://www.mathewiki.medpaed.de/doku.php?id=inhalt:geometrische%20koerper

Ministerium für Kultur, Jugend und Sport (Hrsg.) (2004): *Bildungsplan für die Grundschule.* S. 54-61.

RAAbits Grundschule August 2007: Mathematik, Beitrag 43 Körper und Netze kennenlernen

Radatz, H. / Schipper, W. (2007): *Handbuch für den Mathematikunterricht an Grundschulen.* Hannover: Schroedel, S.159-170.

Radatz, H. / Schipper, W. / Dröge, R. / Ebeling, A. (2007): *Handbuch für den Mathematikunterricht. 3. Schuljahr.* Hannover: Schroedel, S.75f, 112.

Radatz, H. / Rickmeyer, K. (1991): *Handbuch für den Geometrieunterricht an Grundschulen.* Hannover: Schroedel, S. 33-60.

Simon, N. / Simon, H. (2009): *Materialien für den Geometrieunterricht Klasse 1 bis 4.* Offenburg: Mildenberger, KV 71-97.

Wikipedia: Körper (Geometrie); Würfel (Geometrie); Quader; Kugel; Kegel (Geometrie); Pyramide (Geometrie); Zylinder (Geometrie) – jeweils Zugriff am 13.10.2010 unter
http://de.wikipedia.org/wiki/Körper_(Geometrie)
http://de.wikipedia.org/wiki/Würfel_(Geometrie)
http://de.wikipedia.org/wiki/Quader
http://de.wikipedia.org/wiki/Kugel
http://de.wikipedia.org/wiki/Kegel_(Geometrie)
http://de.wikipedia.org/wiki/Pyramide_(Geometrie)
http://de.wikipedia.org/wiki/Zylinder_(Geometrie)

*Welt der Zahl* – Praxisbegleiter 3. (2008). Schroedel, Zu Seite 100

*Zahlenzauber 3 D* – Ausgabe Bayern: 3. Jahrgangsstufe (2005) Lehrermaterialien. Oldenbourg, S. 73-78.

# 7. Anhang

## 7.1. Brief von ROBO mit Arbeitsaufträgen

Liebe Schülerinnen und Schüler der Klasse 3a!

Zunächst möchte ich mich vorstellen: Ich heiße ROBO und – na klar, das ist ja nicht zu übersehen – ich bin ein Roboter – allerdings noch ein sehr junger, denn ich bin erst 8 Jahre alt.

In der letzten Stunde habt ihr ja bereits einige Flachland-Bewohner kennengelernt – doch ich komme aus … Körperland und habe diese weite Reise bis zu euch unternommen, da ich gehört habe, dass ihr – die Klasse 3a – mir vielleicht helfen könnt… Mein Problem ist nämlich, dass ich anders aussehe als die anderen Bewohner von Körperland. Ihr müsst wissen: In Körperland sind zwar alle Bewohner und auch alle Gebäude aus … GEOMETRISCHEN KÖRPERN gebaut – aber eben immer nur aus einer Sorte von Körpern. Meine Schwester Kugeline besteht z.B. nur aus … u. mein Bruder Würfelix besteht nur aus … Und nun schaut mich doch einmal an, welche Körper könnt ihr denn an mir entdecken?

Richtig Kinder, an mir findet man viele verschiedene Körper … Und deshalb habe ich in Körperland leider auch keinen einzigen Freund – niemand will mit mir spielen, da alle sagen, ich wäre anders.

Und deswegen bin ich heute auch bei euch: Denn ihr sollt mir dabei helfen, einen Roboter zu bauen, der aussieht wie ich – damit ich endlich einen Freund zum Spielen habe.

Wir wissen ja nun schon, aus welchen Körpern ich gebaut bin – aus diesen verschiedenen Körpern muss also auch mein Roboter-Freund sein. Doch damit wir daraus einen Roboter bauen können, müssen wir die Körper noch genauer untersuchen. Und zwar so, wie wir das mit den Flachlandbewohnern ja auch schon gemacht haben. Apropos: Wisst ihr denn noch, wie wir die Flachlandbewohner genannt haben? An welche FLÄCHEN könnt ihr euch denn noch erinnern? Und vor allem: Was ist eigentlich der Unterschied zwischen einer Fläche und einem Körper?

Und so, wie wir die Flächen genau untersucht hatten, wollen wir das nun auch mit den Körpern tun – und auch diese ganz genau untersuchen.

Und das machen wir folgendermaßen: Wenn ihr gleich auf den Plätzen sitzt…

Letzter Hinweis: gem. Kontrolle, Ziel: nicht schnell, sondern sorgfältig arbeiten

Na dann lasst uns mal an die Arbeit gehen.

Klasse 3a – das habt ihr super gemacht! Aber wenn ich mir die Tabelle so anschaue, fallen mir doch einige Gemeinsamkeiten u. auch Unterschiede zw. den Körpern auf. Könnt ihr das auch sehen?

Zum Abschluss habe ich noch ein kleines Rätsel für euch und ich bin gespannt, ob ihr heute aufgepasst und etwas gelernt habt:

Der geometrische Körper, an den ich denke, hat genau sechs Flächen… und sechs Ecken … und alle Flächen sind gleich groß. Der Körper hat mehr als zwei Kanten. Der Körper kann rollen.

Meint ihr, ihr könnt euch auch ein solches Rätsel überlegen? Genau das ist eure **HAUSAUFGABE** bis Freitag: Körperrätsel lösen und selbst erfinden.

So Kinder, leider muss ich mich schon wieder von euch verabschieden. Allerdings komme ich in der nächsten Mathestunde am Freitag wieder, denn dann können wir uns endlich an die Arbeit machen und einen eigenen Roboter bauen.

## 7.2. Übersichtstabelle der geometrischen Körper

# GEOMETRISCHE KÖRPER

| | | | | | |
|---|---|---|---|---|---|
| Name des Körpers: | | | | | |
| Anzahl der Ecken: | | | | | |
| Anzahl der Kanten: | | | | | |
| Anzahl der Flächen: | | | | | |
| Diese Flächen besitzt der Körper: | | | | | |
| Weitere Eigenschaften des Körpers: | | | | | |

## 7.3. Tippkarte

$$\boxed{\text{TIPP – Karte}}$$

| Anzahl der **Ecken**: | Anzahl der **Kanten**: | Anzahl der **Flächen**: |
|---|---|---|
| 0, 1, 5 oder 8 | 0, 1, 2, 8 oder 12 | 1, 2, 3, 5 oder 6 |

Diese **Flächen** kann euer Körper besitzen:

Quadrate, Rechtecke, Dreiecke, Kreise

?? Besitzt euer Körper mehrere verschiedene Flächen??

Weitere **Eigenschaften** eures Körpers – Beispiele:

- alle Flächen sind gleich groß

- gegenüberliegende Flächen sind gleich groß

- kann rollen

- rollt geradeaus

- rollt nicht geradeaus

- kann rollen und stehen

- kann nicht stehen

- damit kann man Mauern bauen

- hat eine ganz spitze Ecke (eine Spitze)

## 7.4. Alternative Zusatzgabe

# Die Bewohner aus dem Körperland

### Aus welchen Körpern ist ROBO gebaut?

| Kopf | |
|------|---|
| **Hals** | |
| **Bauch** | |
| **Arme** | |
| **Beine** | |

## 7.5. Hausaufgabe – Körperrätsel

# Körper-Rätsel

**1.**

Der gesuchte Körper hat 6 Flächen, 12 Kanten und 8 Ecken.

Seine Flächen sind alle gleich groß. Jede Fläche ist ein Quadrat.

**Welcher Körper ist gemeint?**

_____

**2.**

Der gesuchte Körper hat 12 Kanten, 8 Ecken und 6 Flächen.

Seine gegenüberliegenden Flächen sind gleich groß.
Mindesten 4 von den Flächen sind Rechtecke.

**Wie heißt der Körper?**

_____

**3.**

Der gesuchte Körper hat keine Ecken und Kanten.
Er kann rollen.
Er ist aber kein Ei.

**Welcher Körper verbirgt sich hier?**

_____

**4.**

Der Körper hat 5 Flächen, 8 Kanten, 4 Ecken und eine ganz spitze Ecke.
Seine Seitenflächen sind Dreiecke und seine Grundfläche ist ein Quadrat.

**Welcher Körper ist gemeint?**

_____

**5.**

Der gesuchte Körper hat eine Kante und eine ganz spitze Ecke.
Die Grundfläche ist ein Kreis.

**Wie heißt der Körper?**

_____

**6.**

Der Körper hat 3 Flächen und 2 Kanten. Eine der Flächen ist ein zusammengerolltes Rechteck.
Die 2 äußeren Flächen sind Kreise.

**Welcher Körper wird hier gesucht?**

_____

## Zusatz: Erfinde ein eigenes Körperrätsel!